U0305415

图书在版编目(CIP)数据

印刷术 / 小沙著 ；严晓晓绘 . -- 兰州 ： 甘肃少年
儿童出版社， 2019.9（2020.7重印）
（中国名片 . 科技中国）
ISBN 978-7-5422-5496-2

Ⅰ . ①印… Ⅱ . ①小… ②严… Ⅲ . ①印刷术－中国
－古代－少儿读物 Ⅳ . ① TS8-092

中国版本图书馆 CIP 数据核字 (2019) 第 172565 号

科技中国·印刷术

小沙 著　　严晓晓 绘

出 版 人：刘永升
总 策 划：刘增利　邓寒峰
策划编辑：肖维玲　王大勇
责任编辑：郑　屹
特邀编辑：樊姝廷
封面设计：王　冰
版式设计：李文静

出版发行：甘肃少年儿童出版社
　　　　　（730030　兰州市读者大道 568 号）
印　　刷：北京文昌阁彩色印刷有限责任公司
开　　本：889 毫米 ×1194 毫米　1/16
印　　张：3.25
字　　数：41 千
版　　次：2019 年 9 月第 1 版　　2020 年 7 月第 2 次印刷
印　　数：8001～ 13000
书　　号：ISBN 978-7-5422-5496-2
定　　价：38.00 元

印刷术

纸墨魔法

小　沙　著
严晓晓　绘

读者出版传媒股份有限公司
甘肃少年儿童出版社

　　一场瑞雪之后，屋顶、大树、草坪都成了白色，整个世界就像一张巨大无比的白纸。

　　肚子咕咕叫的寒鸦，一路寻找食物。它走过来折过去，一圈又一圈，留下的脚印就像几行刚刚写好的字。

寂寞的黄狗正想找个玩雪的伙伴，它飞奔过去追逐寒鸦，身后一串"梅花"点点落地。

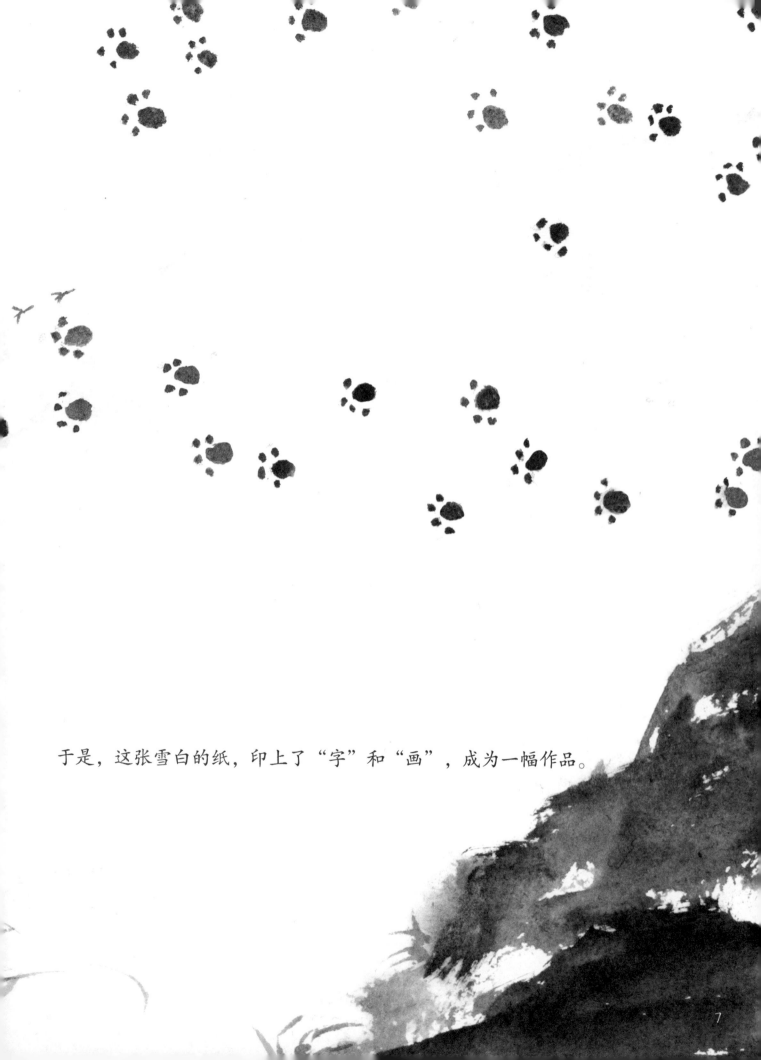

于是，这张雪白的纸，印上了"字"和"画"，成为一幅作品。

7

相信你得过或大或小的奖状吧，上面一定会有你们学校的印。古代皇帝的印，叫玺。书法家写完字要落款，也会盖上自己的印章。就连很多幼儿园的孩子到园签到，也用自己的小图章呢。可以说，**中国是印章的国度。**

书法家的印章

小朋友的图章

皇帝的玉玺

学校的印

　　有的印章，也许只刻有一个字。有的印章，可以雕一幅画，比如年画。

还有的印章，能够刻一篇完整的文章，比如古代书籍的印版。

有一天，小明在练字，发现宣纸下面压着一枚硬币。他取来铅笔，将笔尖倾斜，隔着宣纸在硬币上来回地涂抹。有趣的事情发生了，纸上竟然显现出硬币的图案。

爸爸是个文物工作者，下午他带着小明去拓碑。

大將軍昌明公

張通妻

士行参

夫人講貴丹楊丹人人

飛白虎

之轍天官地正之宗軒

泊之

于凌霄之夢璋赴持攬聯

論難可而詳也

瀟義彤表瑚

丞兹桂業獨

14

爸爸把宣纸覆盖在刷了水的石碑上，轻轻拍打，擀去气泡，然后用拓包蘸墨，在纸上均匀地捶打上墨。捶啊捶啊，纸渐渐变黑了，没有变黑的地方，出现了一个个漂亮的文字，和碑上的一模一样。

宁静致远

15

关山月　唐李白

明月出天山苍茫云海
长风几万里吹渡玉门
汉下白登道胡窥青海湾
由来征战地不见有人还
戍客望边色思归多苦颜
高楼当此夜叹息未应闲

爸爸骄傲地说："看，这就叫拓，是咱们中国印刷术的源头。"

16

看着爸爸得意的样子，小明不服气："我早就会了。"说着，
拿出了那张印有硬币图案的宣纸。

17

　　爸爸说得对，拓是印刷的源头。很多古代文字是刻在石头上的，拓可以把文字从石头上印到纸上。

　　小明说得也没错，他无意中也完成了一次印刷。

我们把一个个印章都倒立起来，没有字的一面作为脚，有字的一面朝天。接下来，在印章上面刷墨，再蒙上纸，然后均匀地压一压，结果会怎么样？

印章上面的图案、文字会显现在纸上，这可以说是一次印刷。

　　唐朝初年，人们从印章和拓印、刻石中得到启发，发明了雕版印刷术。能工巧匠把需要印的内容刻在木板上，然后就可以印书了。现代负责编辑制作图书的地方叫"出版社"，这里的"版"最早说的就是雕刻了文字或者图画的木板。

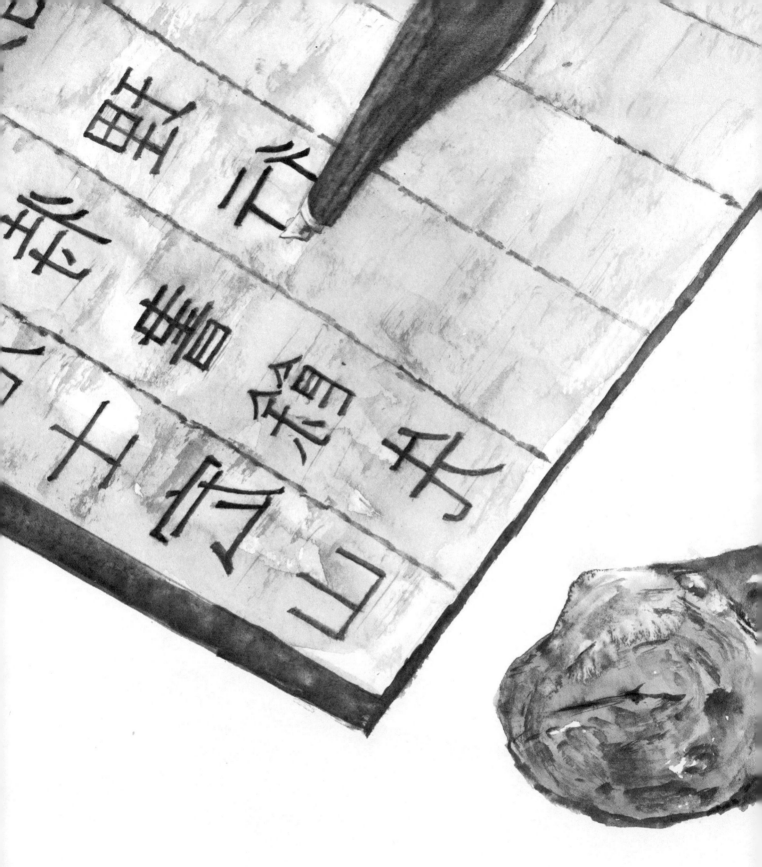

可不是什么木材都适合雕版的，需要纹质细密坚实的木材，如枣木、梨木。

另外，雕版上的字都是反的，这样印出来的字才是正的。

人们把要印的字写在薄纸上，反着贴在木版上，再根据每个字的笔画，用刀一笔一笔刻成阳文。

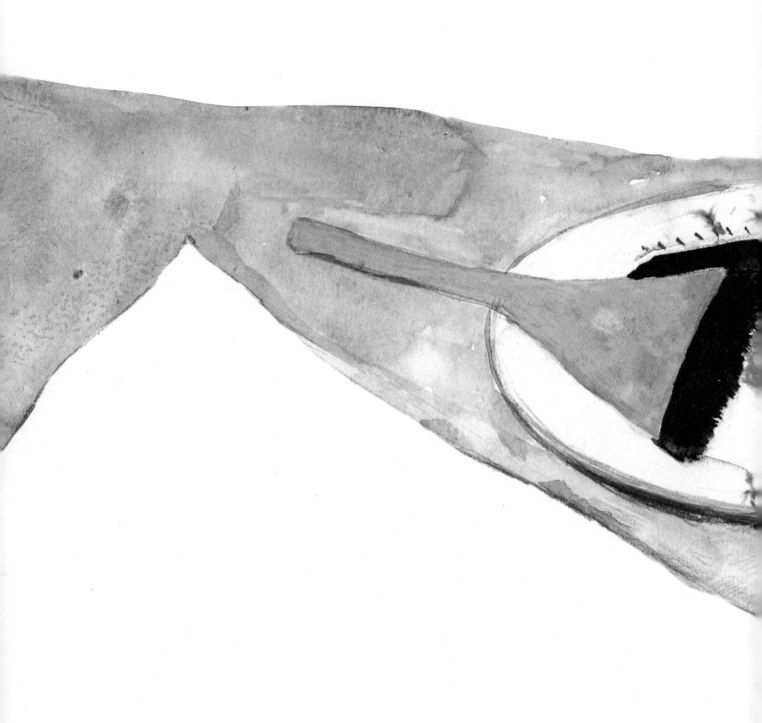

　　木板雕好以后，就可以印书了。用一把刷子蘸上墨，在雕好的木板上一刷，再用白纸盖在木板上……

另外拿一把干净的刷子在纸背上轻轻刷一下，把纸拿下来，一页就印好了。这种印刷方法，是在一块木板上雕好字再印的，所以大家称它为"雕版印刷"。

　　1900 年，在**敦煌的莫高窟**，王道士在清理洞窟时无意中发现了一个密闭的暗室，打开一看，里面堆满了一捆捆经卷，其中一卷刻印的是《**金刚经**》。

《金刚经》卷末有一行文字，说明是唐代咸通九年（公元868年）刻印。它是世界上现存最早的标有确切年代日期的雕版印刷品。

用布施。若有善男子、善女人發菩薩心者，持於此經，乃至四句偈等，受持讀誦，為人演說，其福勝彼。云何為人演說，不取於相，如如不動。何以故。一切有為法，如夢幻泡影，如露亦如電，佛說是經已，長老須菩提及諸比丘、婆塞、優婆夷，一切世間天、人、阿皆大歡喜，信受奉行。

第二天，小明和爸爸又展开了一次比赛。爸爸是篆刻高手，他
在一块石板上刻了一首诗：

咏 雪

一片两片三四片，五六七八九十片。

千片万片无数片，飞入梅花都不见。

　　小明刚学会在橡皮上刻字。他买了一大盒橡皮，将这首诗里的字一个一个刻了出来。

眼看比赛要打成平手，不过，一切还没有结束。小明忽然想到了一个主意，他的橡皮印章可是"活"的啊，还能重新排队。

于是，在他的指挥下，小橡皮重新列队：

一二三四五
六七八九十

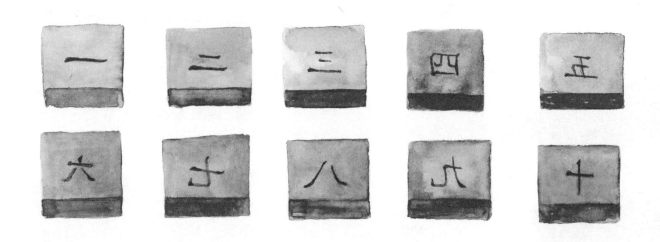

还能继续变换队形：

万片雪　一片梅

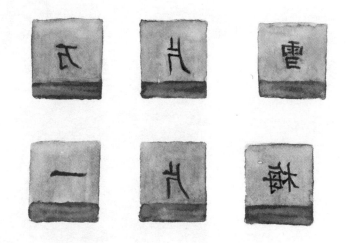

继续变阵：

一二三四千万片　梅花入雪都不见

太棒了！小明的橡皮"活字"完胜！

在一千多年前的北宋，有个发明家叫**毕昇**，早就想到了小明的办法。他发明了**活字印刷术**，把人类的印刷技术大大提高了一步。

毕昇用胶泥做成很多小方块，一面刻上单字，再用火烧硬，这就是一个一个的活字。印书的时候，先准备好一块铁板，上面放上松香和蜡，铁板四周围着一个铁框，在铁框内密密地排满活字，满一铁框为一版。用火在铁板底下烤，使松香和蜡等熔化，再用一块平板在排好的活字上面压一压，把字压平，冷却凝固后，一块活字版就排好了。在字上涂墨，就可以印刷了。

为了提高效率，他准备了两块铁板，两个人同时工作，一块板印刷，另一块板排字。等第一块板印完，第二块板已经准备好了。两块铁板互相交替着用，印得很快。

如果碰到没有准备的生字，就临时雕刻。印过以后，把铁板再放在火上烧热，使松香和蜡等熔化，把活字拆下来，下一次还能使用。

这就是最早发明的活字印刷术，是印刷术的一次巨大进步。

印刷术为知识的广泛传播、交流创造了条件，是非常了不起的成就，是人类文明史上光辉的篇章，也是我们中国人的骄傲！

小实验 大发明

实验材料： 薄而透明的纸、橡皮、笔、小刀、颜料或印泥、普通白纸

实验步骤：

1. 在薄而透明的纸上写"四""大""发""明"四个字，然后把纸翻过来，对准位置，分别把四个字蒙在四块橡皮上，并按照反字的笔画，把四个字描在橡皮上。

2. 用小刀小心地把这四个字刻成四枚橡皮印章。使用刀具要格外小心，要在家长的指导下，避免造成伤害。

3.四枚橡皮印章都刻好之后，有字的一面朝上排列好，涂上颜料（或将刻好的印章蘸上印泥）。

4.把普通白纸敷在橡皮上，轻轻按压后拿开，就可以看到四个字印在了纸上。

......

5.四枚橡皮活字印章变换队形，就能印出不同的汉字组合。